地球运转
的 N 个为什么 ？

Descubre Como Funcinona La Tierra by Maria Maneru

©2020, Editorial Libsa

The simplified Chinese translation rights arranged through Rightol Media

本书中文简体版权经由锐拓传媒旗下小锐取得（Email:copyright@rightol.com）

Chinese Simplified translation copyright © 2023 by Chongqing Publishing House Co., Ltd.

版贸核渝（2023）第081号

图书在版编目（CIP）数据

地球运转的 N 个为什么 ／（西）玛丽亚·玛尼鲁著；
窦素贤译 . — 重庆：重庆出版社，2023.8
ISBN 978-7-229-17915-1

Ⅰ．①地… Ⅱ．①玛… ②窦… Ⅲ．①地球科学—少
儿读物 Ⅳ．① P-49

中国国家版本馆 CIP 数据核字（2023）第 160366 号

地球运转的 N 个为什么
DIQIU YUNZHUAN DE N GE WEISHENME

[西]玛丽亚·玛尼鲁 著　窦素贤 译

责任编辑：周北川
责任校对：杨　婧
封面设计：王平辉

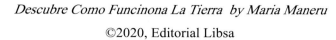 重庆出版集团
重庆出版社 出版

重庆市南岸区南滨路 162 号 1 幢　邮政编码：400061　http://www.cqph.com
天津融正印刷有限公司印刷
重庆出版集团图书发行有限公司发行
E-MAIL：fxchu@cqph.com　邮购电话：023-61520417
全国新华书店经销

开本：940mm×1194mm　1/16　印张：4　字数：30 千字
版次：2024 年 1 月第 1 版　印次：2024 年 1 月第 1 次印刷
ISBN 978-7-229-17915-1

定价：49.80 元

目　录

介　绍

若你经常会有以下经历：

- ☑ 思考山是什么做的；
- ☑ 在自然中漫步时，因为看到的事物而感到惊讶；
- ☑ 想知道我们生活的地球在百万年前是什么样的；
- ☑ 关心与气候相关的一切事物；

那么，你一定会好奇地球是如何运转的，你可能会提出这样的问题：

为什么地球是圆的？	火山里有什么？	什么是全球变暖？

不必再疑惑不解了。你需要这本书！在这本书里，你会找到，我们居住的这颗46亿年前形成的、重达六十万亿亿吨的蓝色星球——地球所蕴含的无数"奥秘"中的一些解答。你也将发现许多自然现象背后的故事，有些美丽令人着迷比如彩虹，有些令人心惊胆寒如地震或者火山喷发，有些令人百思不得其解，比如小小的种子如何变成参天大树，又比如叶子对我们呼吸的空气的质量有怎样重要的影响等等。不仅如此，在本书中，你还将会找到下面问题的答案：

牛的消化系统和温室效应有怎样的关系？世界上每一片雪花都是一模一样的吗？地球上每一片被冰块覆盖的地方都生活着企鹅吗？是否可能建造一条穿过地心的轨道呢？

在本书中，你可以找到这些答案，还可以找到我们赖以生存的地球各种各样的奇妙事物。小小的、充满好奇心的你，还在等什么呢！

为什么所有的行星都是圆的？

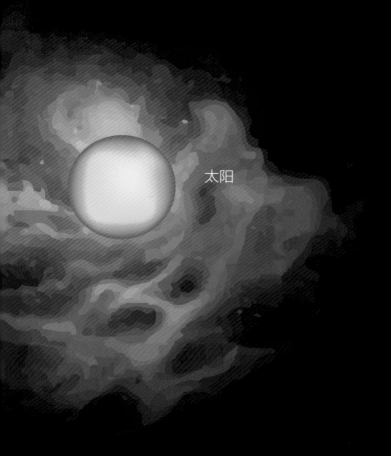

太阳

水星、金星、地球、火星、木星、土星、天王星和海王星。这些组成了太阳系。有些行星离太阳很近，有些距离太阳很远。它们大小不一，但是有一点是相同的：它们都是圆的。

① 太阳系形成之前，上万亿个气体微粒、尘埃，和其他围绕在太阳这一太阳系中最早出现的天体周围的物质，共同组成了星云。太阳系的组成部分，在几亿年前形成，且都源自这个星云。

② 慢慢地，这些组成星云的物质开始互相碰撞，渐渐地形成了碎片，这些碎片结成了新的结构，最终形成了行星。

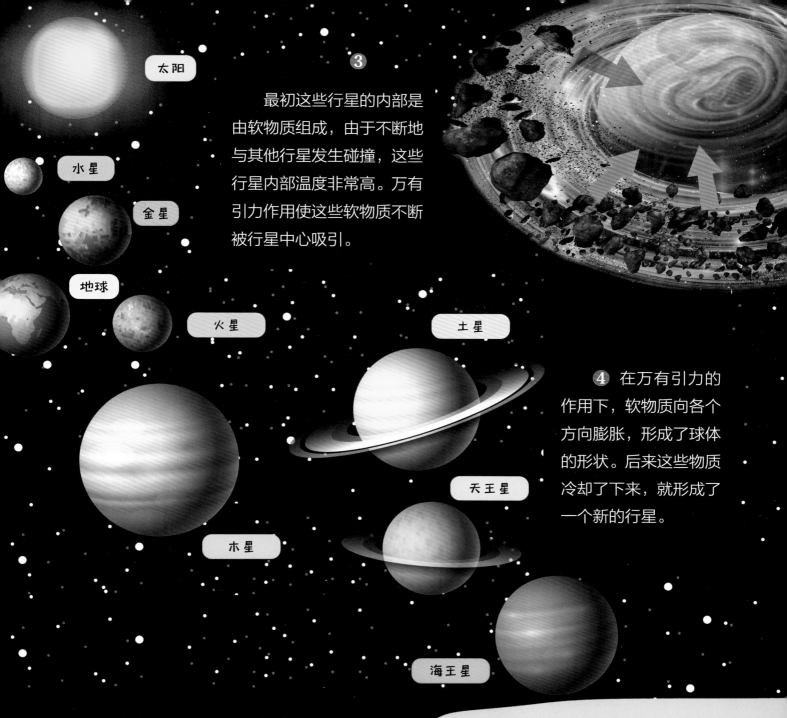

太阳

水星

金星

地球

火星

木星

土星

天王星

海王星

❸ 最初这些行星的内部是由软物质组成，由于不断地与其他行星发生碰撞，这些行星内部温度非常高。万有引力作用使这些软物质不断被行星中心吸引。

❹ 在万有引力的作用下，软物质向各个方向膨胀，形成了球体的形状。后来这些物质冷却了下来，就形成了一个新的行星。

是圆形的……但又不完全是圆形的

如果我们认真观察就会发现，不管是地球还是其他行星，都不是100%的圆形。这是因为行星们都有一个共同的特点：它们除了都围绕太阳旋转，还会自行旋转，这叫做"自转"。自转能抵消一部分万有引力的作用，使天体"椭圆化"，就是说横向（地球中部的赤道地区）比起纵向（两极地区之间）更长一些。

奇妙知识小贴士

科学家根据计算发现，组成天体的软物质在46亿年前就已经存在了，它们大约就位于现在太阳所在的位置。最接近于圆形的天体是金星和水星，这是由于它们自转速度相对其他天体较慢，因此相对来说比较"圆"。

地球是运动的，还是静止的？

虽然我们察觉不到，但是地球是持续运动的。不仅如此，它的运动同时存在两种方式：自行旋转和围着太阳旋转。正因此，自然界才存在白天与黑夜以及四个不同的季节。

冬 天

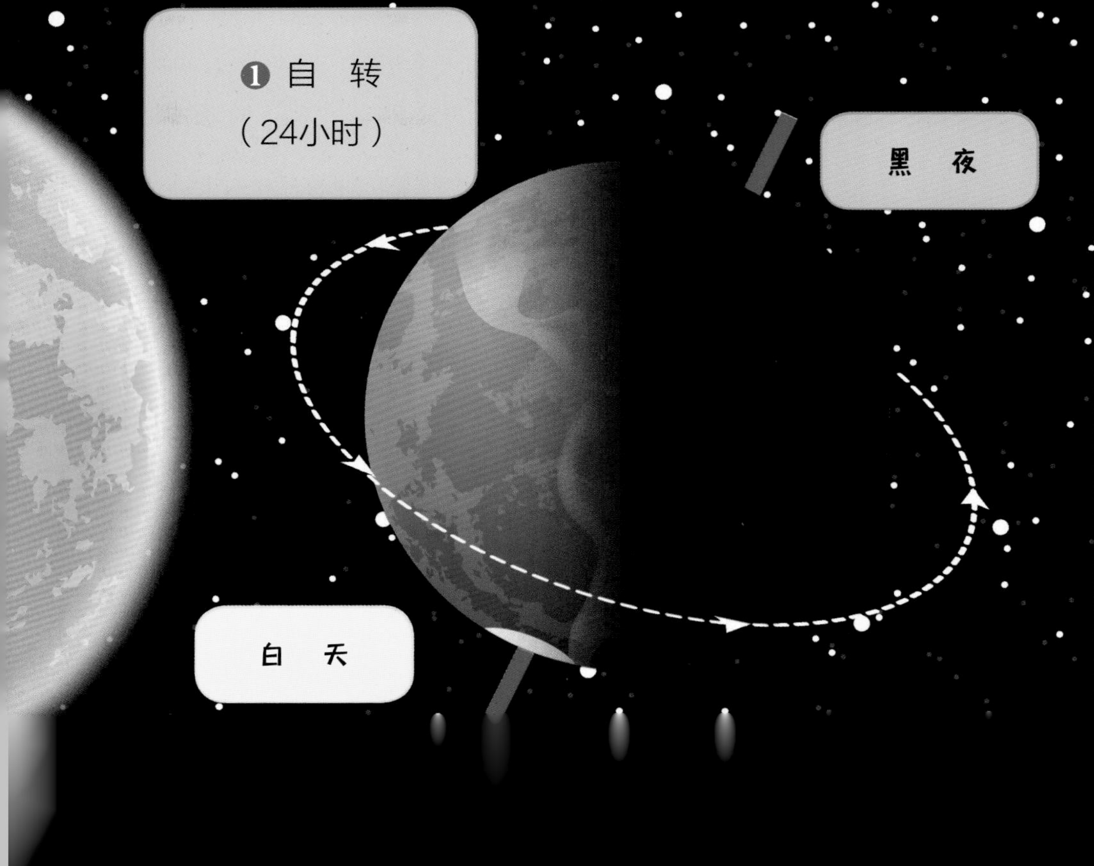

❶ 自 转
（24小时）

黑 夜

白 天

❶ 地球围绕着自身的"中心轴"旋转，这种运动我们称之为"自转"，一次自转会持续一整天。自转时，地球上被太阳光照射到的一半处于白天，另一半处于黑夜。

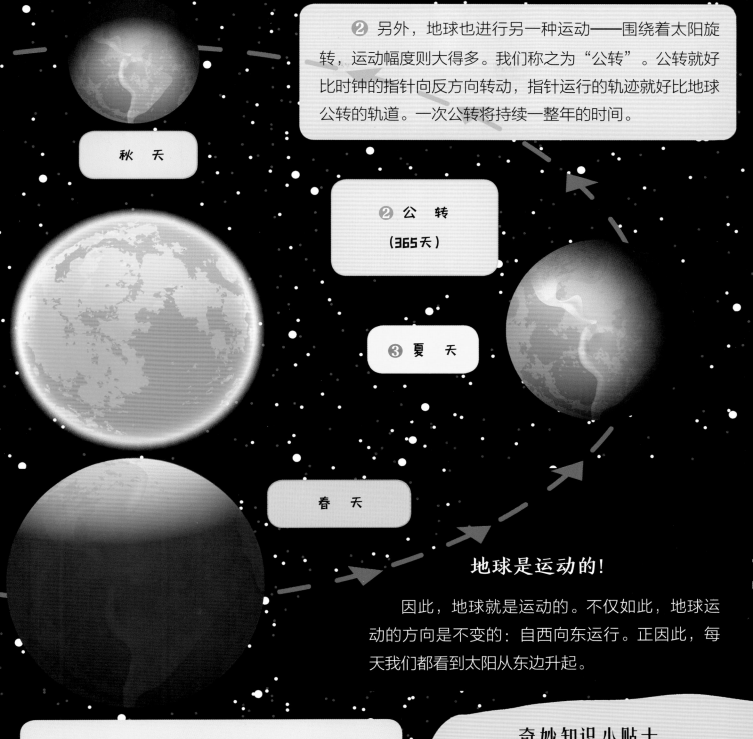

❷ 另外，地球也进行另一种运动——围绕着太阳旋转，运动幅度则大得多。我们称之为"公转"。公转就好比时钟的指针向反方向转动，指针运行的轨迹就好比地球公转的轨道。一次公转将持续一整年的时间。

秋 天

❷ 公 转
（365天）

❸ 夏 天

春 天

地球是运动的！

因此，地球就是运动的。不仅如此，地球运动的方向是不变的：自西向东运行。正因此，每天我们都看到太阳从东边升起。

❸ 地球自行旋转所围绕的轴，是倾斜的。因此，随着地球的公转，地球上的不同地区接收到的光和热是不同的。所以，地球上一部分地方寒冷，另一部分则处于夏天。这样的倾斜是四季（春天、夏天、秋天、冬天）交替的原因。

奇妙知识小贴士

在北半球，夏至日是一年中白天最长的一天，冬至日则是白天最短的一天。地球自转的赤道线速度是每秒465米；而平均公转速度是每秒29.783千米。

为什么月亮的形状会变化？

真有怪！月亮其实并没有变化，它的形状一直都是一样的，是圆形的。但是我们生活在地球上，根据我们地球的天然卫星——月亮处于不同的位置，我们会看到月亮变成不同的形状：圆形和3种弯弯的形状。

盈凸月

③ 望月

月相

月亮本身不发光，但是它能反射太阳光。月亮同时进行两种运动：自转及围绕地球公转。月亮的自转和公转一次所需要的时间是相同的，为28天。因此，我们看到的始终是月亮的同一面。在这28天中，月亮反射的太阳光是不同的，几乎每7天变化一次。这种反射的变化导致我们看到的月亮存在四种不同的形态，这就叫做月相。

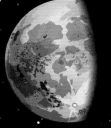

亏凸月

奇妙知识小贴士

月球非常、非常古老：它至少有46亿年的历史。实际上，月球的"精确"周期是27天7小时43分钟。月球每年离开地球3.2厘米。

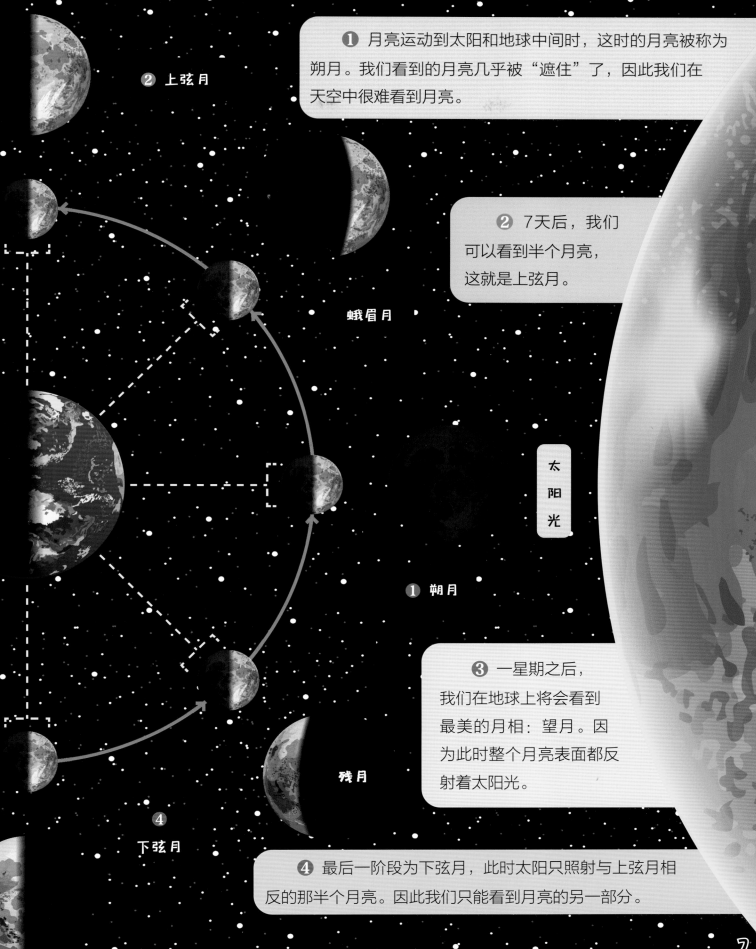

② 上弦月

❶ 月亮运动到太阳和地球中间时，这时的月亮被称为朔月。我们看到的月亮几乎被"遮住"了，因此我们在天空中很难看到月亮。

② 7天后，我们可以看到半个月亮，这就是上弦月。

蛾眉月

太阳光

❶ 朔月

❸ 一星期之后，我们在地球上将会看到最美的月相：望月。因为此时整个月亮表面都反射着太阳光。

残月

④ 下弦月

❹ 最后一阶段为下弦月，此时太阳只照射与上弦月相反的那半个月亮。因此我们只能看到月亮的另一部分。

为什么月球表面布满了凹坑，而地球表面却没有？

我们知道，从几百万年前开始，各种行星、卫星及太阳系中的其他物质就开始受到各种小行星及陨石的"攻击"——高速撞击。但是，月球表面上布满了各种"撞击伤痕"，而地球表面却几乎没有。这是为什么呢？

1 地球也好，月球也好，都受到了其他天体的撞击，撞击将形成环形山。但是在我们生活的地球的表面，这些环形山，就像被施了魔法一样，被奇迹般地填平了。

而在月球上，既不存在大气层，也没有其他物质可以保护月球不受陨石的撞击。因此，形成的环形山将在月球表面上留下永久的痕迹。所以月球的表面好像我们的脸上长了粉刺一样。

② 在地球上，水、植物和其他物质，以及下雨和刮风之类这样的自然现象，都在不断侵蚀地球表面，它们不断地填平这些环形山，直到环形山完全消失。

③ 另一方面，地球周围环绕的大气层也可以帮助"侵蚀"环形山。不仅如此，大气层也可以充当地球的"护栏"。由于大气层的保护作用，大多数冲向地球的陨石，还没到达地球就已经被分解了。这样，大气层可以保护地球免遭陨石的撞击。

④ 另外，我们生活的地球上，不断进行着地质运动。这些地质运动，尤其是地球内部的地壳运动（正因此，地球的表面才是不断新陈代谢着的）以及火山运动（我们以后将会学到，火山喷发产生的岩浆在很短的时间内就能填平地球表面的环形山），也对"填平"环形山发挥了重要作用。

撞击形成的环形山是什么？

陨石高速（约为5万~10万千米每小时）撞击行星或者卫星后，形成的圆形大坑就是环形山。在地球上，约存在180个撞击形成的环形山。和月球上的环形山数量相比，地球上的环形山数量极少。这主要是由于地球表面发生了侵蚀作用填平了环形山，这种侵蚀作用极为缓慢，很难被我们察觉。不仅如此，地球上仅存的环形山，不像月球上的那样显眼，几乎将自己隐藏起来，让我们难以看到。

奇妙知识小贴士

地球上第一个被发现的环形山位于美国亚利桑那州，是一个陨石坑，大约于5万~2万年前形成。地球上最大的环形山位于南非的弗里德堡，大约于21亿年前形成，而它的直径，达到了惊人的300千米！

为什么地球上存在生命？

在太空中，有无数天体、行星、卫星和其他物质。但是，太空中唯一一个确定存在生命的地方就是地球。这也正是科学家试图解释的无数谜题中的一个。

❶ 我们生活的地球上，有许多帮助生命存活的条件，比如太阳光，太阳光能帮助植物生长，帮助动物获取食物。虽然太阳系中除了地球以外的其他7个行星也能接收到太阳光，但是只有地球能享受到适宜生命的太阳光。这是为什么呢？因为我们的地球处于一个刚好的位置，既能享受到太阳光带给我们的各种好处，又不至于距离太阳太近被高温烤干。

❷ 另外一个对生命来说必不可少的条件就是水。我们的地球充满了水（地球表面71%被水覆盖）。

❸ 不仅如此，地球还有大气层的包围。尽管其他行星有些也有大气层，但是地球的大气层有一些特别的地方，地球的大气层中存在一些对生命来说必不可少的气体（氧气与氮气）。

为什么火星和金星上不存在生命？

科学家研究发现，火星和金星都有一些与地球相似的特点，因此在火星和金星上可能存在生命。不仅如此，有些科学家研究还发现，35亿年前，火星外环绕着大气层，火星上的温度对生命体来说也非常适宜，火星上甚至还存在河流和海洋。但是，为什么火星和金星，就无法和地球一样，孕育生命呢？直至今天，这个问题依然没有答案。

奇妙知识小贴士

根据科学家的研究，大约36亿年前地球开始出现生命。具体的时间很难计算清楚，因为地球上大约共有1300万种不同的生物，每年新发现的昆虫就高达7000种。地球的平均温度为15℃，这不仅有利于生命的延续，也使得水可以以3种不同形态（固态、液态、气态）存在在地球上。地球距离太阳约1.5亿千米，使我们不会被太阳的热烤干。

为什么恐龙灭绝了而其他动物却没有灭绝？

恐龙曾经在地球上生活了一段相当长的时间（1.65亿~1.7亿年）。我们知道恐龙有许多种类，它们曾经几乎遍布整个地球。但是，有一天，它们忽然在地球上"被抹去"了，彻底消失再也没有出现过。这种情况只发生在恐龙身上，并没有发生在其他动物身上。

❶ 科学家认为，六千五百万年前，恐龙忽然从地球上消失可能是因为一块陨石撞击了地球，并且落在了地球的表面。

奇妙知识小贴士

造成恐龙灭绝的陨石的直径至少有10千米长，它的撞击造成了当时地球上生活着的70%的物种灭绝（包括恐龙）。除此以外，陨石的撞击，在地球上的各大海洋中都激起了超过1.5千米高的海浪。大约150年前，人类第一次发现了恐龙化石，当时人们认为这可能是恐龙的骨头。科学家研究认为，地球上曾经存在有1700到1900种不同的恐龙。

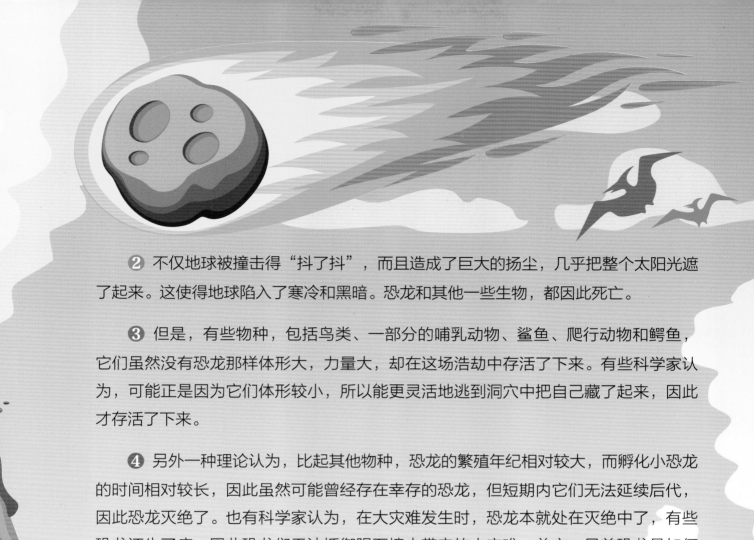

❷ 不仅地球被撞击得"抖了抖"，而且造成了巨大的扬尘，几乎把整个太阳光遮了起来。这使得地球陷入了寒冷和黑暗。恐龙和其他一些生物，都因此死亡。

❸ 但是，有些物种，包括鸟类、一部分的哺乳动物、鲨鱼、爬行动物和鳄鱼，它们虽然没有恐龙那样体形大，力量大，却在这场浩劫中存活了下来。有些科学家认为，可能正是因为它们体形较小，所以能更灵活地逃到洞穴中把自己藏了起来，因此才存活了下来。

❹ 另外一种理论认为，比起其他物种，恐龙的繁殖年纪相对较大，而孵化小恐龙的时间相对较长，因此虽然可能曾经存在幸存的恐龙，但短期内它们无法延续后代，因此恐龙灭绝了。也有科学家认为，在大灾难发生时，恐龙本就处在灭绝中了，有些恐龙还生了病，因此恐龙们无法抵御陨石撞击带来的大灾难。总之，目前恐龙是如何灭绝的依旧是个谜团。

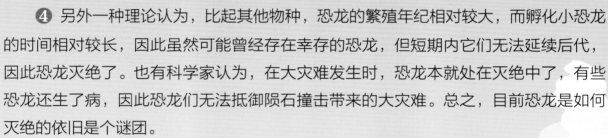

可怕的后果

陨石会带来地震、海啸和火山喷发。不仅如此，剧烈的撞击会造成陨石大面积燃烧，能摧毁地球表面。

各大洲一直和我们现在看到的一样吗？

① 在史前，准确地说，在中生代（也就是恐龙形成的时期），世界上的所有大洲都聚在一起，形成地球上唯一的一块大陆，叫做"盘古大陆"。

两亿年前的地球

奇妙知识小贴士

盘古大陆就是指世界上所有的大陆。一些科学家认为，在盘古大陆之前还存在一个更早的盘古大陆。这个更早的盘古大陆分裂成了几个大洲，后来在中生代又聚拢成一块完整的盘古大陆。也有科学家认为以后或许会出现一块新的盘古大陆，因为地壳在不断运动，因此不同的大陆也在互相靠近……

世界上的大洲都幅员辽阔，被海洋所环绕。你一定知道，世界上有七个大洲，分别是：非洲、南北美洲、亚洲、欧洲、南极洲和大洋洲。但是这些大洲并不一直都是现在这个样子，也并不一直都有七个洲，甚至大洲并不是各自分开的！

❷ 后来，到了侏罗纪，这样的超级大陆分裂成了2块，一块向北，我们称之为"劳伦西亚大陆"，一块向南，我们称之为"冈瓦纳大陆"。两块大陆被世界唯一的海洋隔开，我们称之为"特提斯洋"。

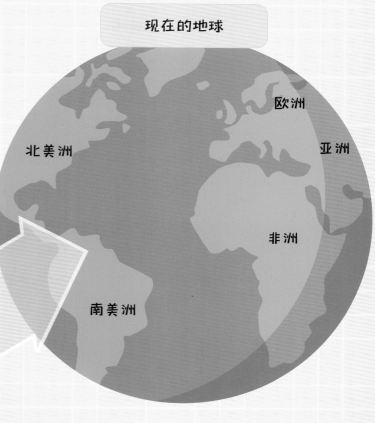

现在的地球

欧洲

北美洲

亚洲

非洲

南美洲

一亿两千万年前的地球

北美洲

欧亚大陆

特提斯洋

劳伦西亚大陆

非洲

冈瓦纳大陆

南美洲

南极　澳大利亚

❸ 科学家认为，在白垩纪后期（六千六百万年前），形成了各大洲。那时候形成的各大洲的样貌和位置与我们现在看到的差不多。

地壳板块，大洲分离的"元凶"

我们现在看到的各自分离的各大洲，是地壳板块运动造成的。地球表面原本覆盖着一块坚固的板块，这种板块分裂成了一块块地壳板块。它们就像传送带一样不断运动，而地壳板块运动的"动力"是地球内部的能量。高山和地震也是地壳板块运动所造成的。

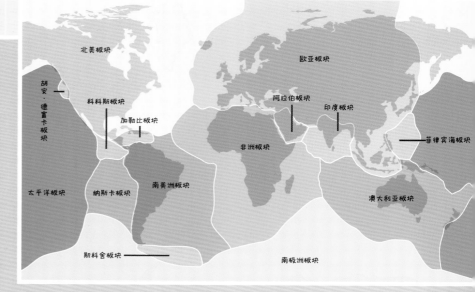

北美板块

欧亚板块

胡安·德富卡板块

科科斯板块

加勒比板块

阿拉伯板块

印度板块

非洲板块

菲律宾海板块

太平洋板块

纳斯卡板块

南美洲板块

澳大利亚板块

斯科舍板块

南极洲板块

地球里有什么？

地球是否和足球一样，内部是空心且充满了空气？还是说，地球里面充满了水？都不是，地球内部充满了不同的物质。为了让你更好地理解地球内部，你可以拿一个鸡蛋来观察：蛋黄（鸡蛋里黄色的部分）好比是地球的地核；蛋白，也就是鸡蛋里最大的一部分，就好比是地球的地幔；而蛋壳，也就是最细腻的部分，好比是地球的地壳。

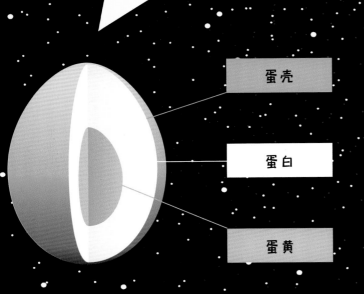

蛋壳

蛋白

蛋黄

奇妙知识小贴士

地球的地核，半径约为3500千米，比整个火星还要大，占到了地球体积的16.2%。地核内部的压力比地表的压力要高出几百万倍。地核几乎和太阳的表面一样热，大概有5000℃。地核每小时产生的热量，能为在地球上生活的近80亿人（2022年，世界总人口接近80亿）每人煮上200杯热咖啡。

土壤是什么？

土壤位于地壳的表面，它也是分成几层的：

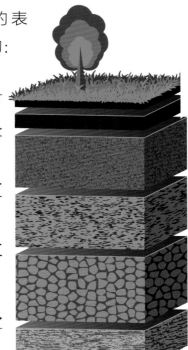

有机质层

淋溶层

沉积层

母质层

基岩层

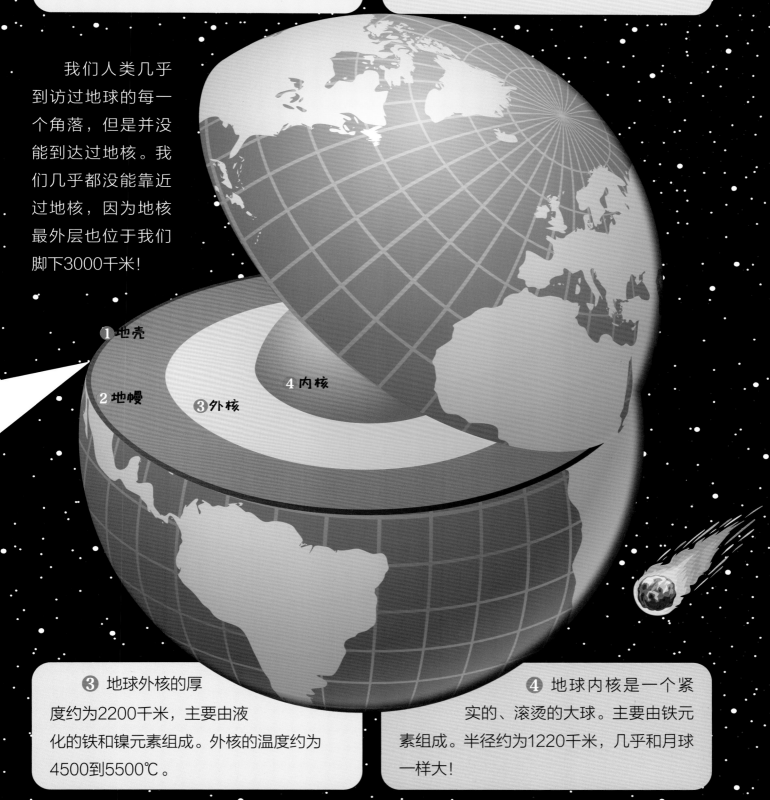

❶ 地壳是地球最外部且最薄的一层，占到了地球体积的1%左右。地壳的主要组成为岩石。

❷ 地幔是地球最厚的一层，其厚度大约为3000千米。由于地幔温度极高，因此地幔由液态的岩浆和岩石组成。

我们人类几乎到访过地球的每一个角落，但是并没能到达过地核。我们几乎都没能靠近过地核，因为地核最外层也位于我们脚下3000千米！

❶地壳

❷地幔

❸外核

❹内核

❸ 地球外核的厚度约为2200千米，主要由液化的铁和镍元素组成。外核的温度约为4500到5500℃。

❹ 地球内核是一个紧实的、滚烫的大球。主要由铁元素组成。半径约为1220千米，几乎和月球一样大！

既然南半球在我们的反面，那么为什么南半球的人不会坠落呢？

这个问题的答案和为什么我们往上抛球，球却总会落下，以及为什么所有行星都围绕太阳转、"飘浮"在太空上，是一样的。都因为万有引力。

奇妙知识小贴士

我们的体重取决于地球的引力。因此，若我们来到木星，由于木星引力要比地球大得多，我们的体重也会增加。若我们去到冥王星，我们的体重则会轻得多，因为冥王星的引力比地球小得多。

宇航员对万有引力的理解最为深刻。当他们离开地球时，他们也逃离了地球的引力场。他们逃离地球引力场时的速度，被称为"逃逸速度"，约为每秒11.26千米。宇宙飞船的速度一旦超过逃逸速度，就可以摆脱地球的引力。

牛顿和苹果

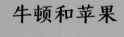

世界上第一个提出物体为什么会自然落下这个问题的人，就是著名的英国物理学家、发明家艾萨克·牛顿。提出这个问题是因为他对苹果的思考（据说有一天他坐在树下，看到苹果落了下来，因此提出了这个问题）。很多年以后，另一位物理学家阿尔伯特·爱因斯坦，提出了对万有引力的新发现。

❶ 万有引力，几乎影响着地球上的一切（人类、动物、建筑物、植物等），但是它的力量是我们看不到的。万有引力的作用，就好比一块巨大的磁铁一样吸引着一切物体。地球的万有引力把一切物体向它的重心吸引。因此，地球上的一切，包括人和物体都被留在了地面上，而不会坠落。

❷

90千克

❶

地球重心

❷ 万有引力作用表现在重量上。人的体重越重，受到的指向地球重心的万有引力越强。我们可以通过一个小实验来证明这一点：同时使一块石头和一片羽毛落下，石头将会更快地落地。

❸ 因此，南半球的居民，虽然在北半球的反面，但是他们并不会坠落。这是因为我们都被万有引力牢牢地固定在了地面上。

你是否曾经想象过，如果我们有一条隧道穿过地心到达地球的另一边，而你钻进了这条隧道，你是否会出现在地球上的另外一个国家？而如果能够建造这样一条隧道，那么我们就能很快地从地球的一头到达另一头。

如果建造一条穿过地心的隧道，会发生什么？

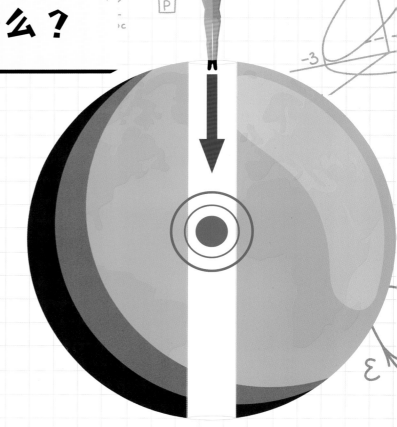

一条穿过地心的隧道？

如果人类能建造一条隧道穿过地心到达地球的另一边，那么会发生什么呢？答案很简单：实际上，这是不可能的，因为地核的温度非常高，完全不适合人类生存，但是让我们先假设我们能造出这样的隧道……

❶ 在隧道口，就像地球的任何一个地方一样，万有引力牢牢地吸引着我们，我们将以每秒9.81米的加速度冲向地心。

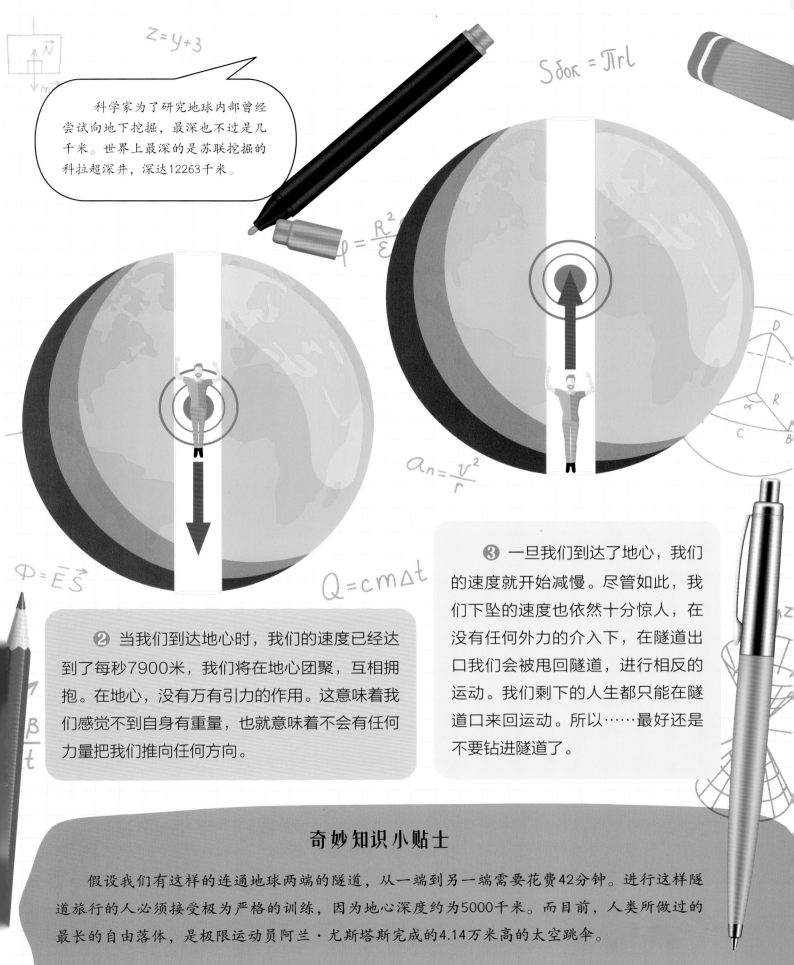

科学家为了研究地球内部曾经尝试向地下挖掘，最深也不过是几千米。世界上最深的是苏联挖掘的科拉超深井，深达12263千米。

❷ 当我们到达地心时，我们的速度已经达到了每秒7900米，我们将在地心团聚，互相拥抱。在地心，没有万有引力的作用。这意味着我们感觉不到自身有重量，也就意味着不会有任何力量把我们推向任何方向。

❸ 一旦我们到达了地心，我们的速度就开始减慢。尽管如此，我们下坠的速度也依然十分惊人，在没有任何外力的介入下，在隧道出口我们会被甩回隧道，进行相反的运动。我们剩下的人生都只能在隧道口来回运动。所以……最好还是不要钻进隧道了。

奇妙知识小贴士

假设我们有这样的连通地球两端的隧道，从一端到另一端需要花费42分钟。进行这样隧道旅行的人必须接受极为严格的训练，因为地心深度约为5000千米。而目前，人类所做过的最长的自由落体，是极限运动员阿兰·尤斯塔斯完成的4.14万米高的太空跳伞。

火山里面是什么样的？

在所有的火山中，最重要的成分都是火山岩浆和火山熔岩。当它们温度升高，就会造成火山喷发，不仅如此，它们经冷凝固结在地球表面，形成岩石和火山灰。火山爆发是非常可怕的。

火山喷发

虽然火山的形成方式是相同的，但并不是所有火山都会喷发（不少火山在"沉睡中"）。只有火山内部的熔岩喷发到了地球表面，我们才认为这个火山爆发了。

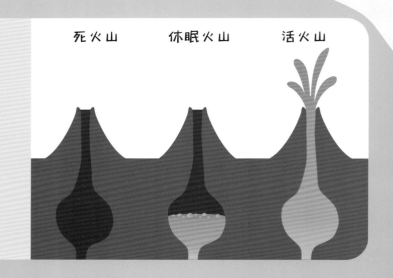

死火山　　休眠火山　　活火山

奇妙知识小贴士

科学家研究发现，在地球上共有大约500个活火山，火山岩浆形成于位于地下1到10千米的岩浆库。岩浆的温度可以高达700到1200℃。世界上最活跃的火山是位于意大利西西里岛上的埃特纳火山，3500年前就处于活跃状态。世界上最大的活火山是美国夏威夷的莫纳罗亚火山，面积为5176平方公里。太阳系中最高的火山并不在地球上，而在火星上，是奥林匹斯火山，高度达27千米，宽度达550千米。

不仅有熔岩

虽然火山中的熔岩让人类非常害怕（温度高达1000℃，喷发速度达每小时70千米），但火山喷发时同样也会带来其他的危险物质，比如说气体、灰烬和炸弹（高高喷出的、燃烧着的岩石）。

❶ 我们所看到的火山就是地球内部所进行的一种剧烈运动的最终结果。火山深处存在着岩浆，岩浆是由气体、燃烧着的岩石碎片和其他物质组成。

❷ 当温度和压力升高，岩浆转换成熔岩（更类似液体的一种物质），熔岩从火山中的管道喷出，这条管道被称为火山管。熔岩喷出的同时，碎石块、矿物质和其他物质也随之喷出。

❸ 熔岩的力量可以将上述所有物质喷出火山。这些物质冷却后形成火山锥，正因有了火山锥，火山看起来就和普通的山形状相同。

气体

❹
火山口

❸
火山锥

旁支的
火山管

主火山管

熔岩层
和火山灰

❷
熔岩

❹ 火山锥的上部形成了火山口，火山口是火山喷发时所有物质涌出的大门。

1
岩浆

岩石是由什么构成的？

岩石是天然产出的具稳定外形的矿物或玻璃集合体，是构成地壳和地幔的物质基础；也是人类早期生活和生产的重要材料和工具，在人类进化进程中具有重要意义。

相互转化的三种岩石

沉积岩

沉积岩： 沉积岩是其他岩石或其他生物的碎屑经过累积和沉积形成的。

变质岩： 变质岩形成于地壳内部，由岩浆岩或沉积岩经过温度、压力和应力等的作用变质后形成的性质不同的岩石。有的变质岩是多次变质作用的产物。

火山岩： 火山岩形成于地球内部，是由熔岩喷发后冷却凝固而成的岩石。

熔岩

火山岩

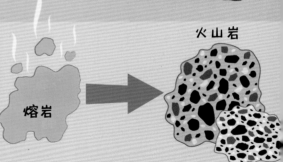

❶ 矿石一般位于地球内部或者地表上。岩石含有一种或几种矿物质。有些岩石中还含有化石（化石指的是上千年前灭绝的生物遗体）。

❷ 三种岩石，沉积岩、变质岩和火山岩是在不断转化中的。在一定时间内，三者可以互相转化。

奇妙知识小贴士

地球上最古老的岩石位于加拿大，是一块形成于三十九亿六千万年前的变质岩。这块岩石叫做阿卡斯塔片麻岩。令人感到庆幸的是，世界上大多数火山都不会喷发。但是尽管如此，每年在地表至少会形成10万块火山岩。

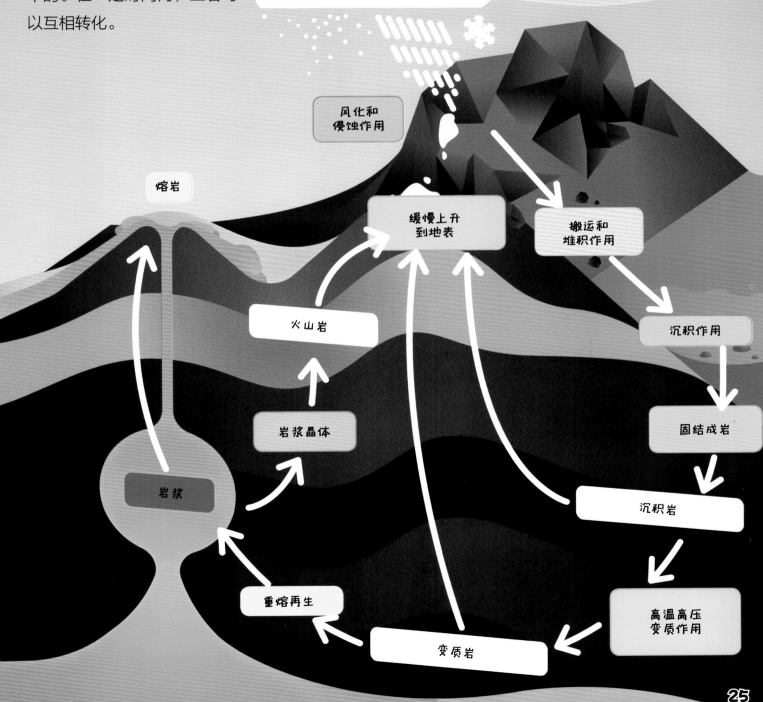

地震是如何发生的？

我们已经知道了地壳板块的运动与大洲、山脉和其他自然结构的形成有很密切的关系。但是，有一种地壳板块运动不仅不能产生新的自然结构，而且，相反地，还非常具有破坏性。这就是地震。

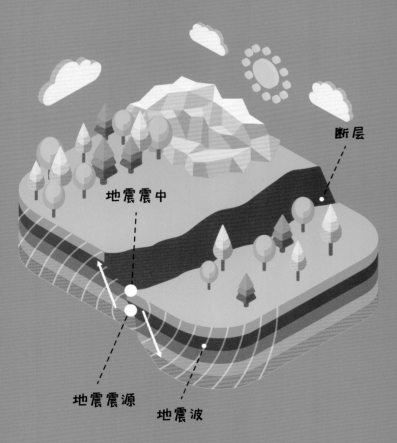

断层

地震震中

地震震源

地震波

① 地震是地壳快速释放能量过程中造成的振动，其间会产生地震波的一种自然现象。

② 大多数情况下，地震是断层造成的。断层指的是，两个地壳板块忽然开始运动，导致地下压力忽然增加，造成矿石和岩石的错位。

③ 断层会造成非常剧烈的振动，这就是我们所说的地震波。地震波到达地面，造成地震。

④ 地球内部地震开始发生的地点称为震源。震源垂直正上方的地面称为震中，这是地表上地震最剧烈且造成损失最严重的地点；在震中，土地会损毁、坍塌，桥梁、大楼和其他建筑物都将被破坏。

地震的强度如何测量？

我们用里氏震级0到10来测量地震的强度，来表示一次地震所释放的能量。超过5.5级的地震就会带来极为严重的破坏，甚至人员死亡。

奇妙知识小贴士

1960年，智利发生了里氏9.5级地震，这是人类已知的最强地震。2008年5月12日，我国汶川发生了8级地震，这是中华人民共和国成立以来破坏性最强、波及范围最广、灾害损失最重、救灾难度最大的一次地震。据统计，地球每年平均发生18次大地震（指的是里氏7~7.9级地震）。地震学家认为，若发生里氏12级地震，地球则会被一分两半。

海啸是怎么形成的？

海啸指的是，巨大的推力将大量海水垂直抬升而造成的巨大海浪。

在远海航行的船只，无法看到或感受到这样的海浪，因为这些海浪刚形成的时候规模很小。但是，当这些海浪抵达海岸边的时候，就已经变成了庞然大物。

3 因此造成了海水的振动。这种振动在海面下以极快的速度散播开去。

海啸（Tsunami）源自日语。TSU意为海港，NAMI意为浪。

2 海底地震将大量海水抬升到海面。

1 海底地震可以使海洋底部发生振动。这种水下地震也是地球的地壳板块运动造成的。

奇妙知识小贴士

海啸的速度几乎可以超过喷气式飞机的速度（每小时1000千米），因此海啸穿过整个太平洋仅需要一天时间。当海啸抵达岸边，它的速度会减慢，但是海啸的高度和能量将会增高。就在海啸抵达岸边时，海浪将会下撤，露出浅滩海底。这就是海啸将在几分钟内抵达的信号。

海啸所带来的海浪可能长达100千米，几乎有1000个美式足球场这么大。

④ 抵达岸边时，海浪可能高达30米。

受海啸影响最大的国家是哪个？

是日本。如果你认真看地图，你就会发现日本的东部和南部都被大量海水围绕。因此当太平洋上形成了海啸，海浪将会运动几千米影响日本。

亚洲

日本

大洋洲

共有多少种海啸？

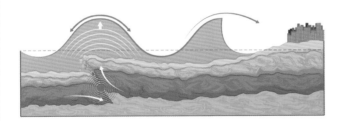

地震海啸

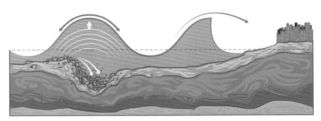

滑坡海啸

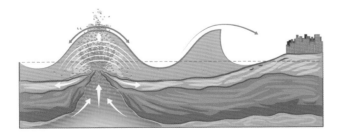

火山海啸

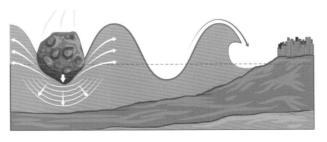

陨石坠落引发的海啸

为什么天空是蓝色的？

实际上，天空并不是蓝色的，只是我们看上去像是蓝色的。因为，根据一系列物理原理，太阳光穿过大气层后能发出7种颜色的光，其中蓝色的光波长最短，蓝色就最容易被我们观察到，因此白天我们看到天空是蓝色的。

❶ 太阳光不是白色的。太阳光由不同颜色的光共同组成（这也是彩虹由各种颜色组成的原因）。为了给地球提供光和热，太阳光首先需要穿越大气层。

❷ 太阳光通过光波传播，但是不同颜色的光有着不同的波长，因此它们穿过大气层的方法也不同。橙色、红色、黄色和绿色，波长较长，它们没有发生任何变化就穿过了大气层，因此我们几乎看不到也感觉不到它们。

❸ 另外，紫色、青色和蓝色光，波长较短。为了穿过大气层，它们的传播方向发生了偏移，散射在了空气中。

❹ 因此蓝色光向各个方向散射，而由于空气中存在各种微粒（灰尘、水汽分子、气体微粒等），这些微粒反射了蓝光，所以我们看到的天空就是蓝色的。

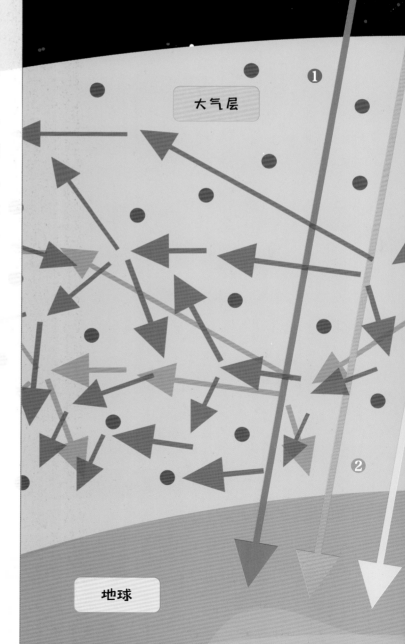

大气层

地球

大海为什么是蓝色的？

我们认为海洋是蓝色的，这也不完全正确。海水，和其他水一样，是无色的。海水反射了天空的颜色，大多数时间天空是蓝色的，因此海水大多数时间也是蓝色的。当天气为多云或者下雨，或者暴风雨来临时，海水就会变成灰色的。

③

④

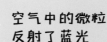

空气中的微粒
反射了蓝光

奇妙知识小贴士

虽然在白天，我们看不到太阳光的其他颜色，但是在傍晚，在地平线我们可以看到红色和橙色。这是因为太阳下山时，红色和橙色是最晚消失的两种颜色：在太阳光要消失的最后几分钟，红色和橙色得以从太阳光中分离出来。夜空是完全黑暗的。这是因为月球这颗地球的天然卫星并不拥有大气层，因此月亮无法散射太阳光，我们就无法看到组成太阳光的各种颜色。

闪电是如何产生的？

暴风雨来临时，我们看到了大自然的许多特殊现象，如闪电和打雷。你知道，闪电和打雷是如何产生的吗？

冷空气

正电荷

闪电的闪光

负电荷

热空气

1 由于云体位于大气层较高层，那里温度较低，云里的水汽凝结成了小冰晶。

2 这些小冰晶和云中的其他灰尘微粒相互摩擦，因此云体中产生了静电。

3 当这些云体与地表相接触，或者与其他带有静电的云体接触，就形成了电荷，电荷形成了闪电。

闪电

4 此后，由于放电，闪电在空中发光，这就是闪电闪光的原因。

静电指的是在一个物体表面电荷累积的结果。不同物体相互靠近或者分离会造成正电荷聚集在某个物体上而负电荷聚集在另一个物体上。静电之所以被称为"静"电是因为其中不存在电的流动。

暴风雨的三位主要"演员"

不同的暴风雨，它们的"剧本"却都是相同的。而不同的暴风雨，它们的三位主要演员的出场顺序也是相同的。

1. 闪光：云体摩擦形成的火花及电负荷。

2. 闪电：类似照相机的闪光灯的光线，和闪光同时出现。闪电在天空中很容易被看到。

3. 打雷：闪光中发出的巨大声响。通常在闪电过后一段时间才能听到。

奇妙知识小贴士

带来暴风雨的云，通常被我们称为"积雨云"。积雨云往往位于大气的对流层和平流层之间，是深灰色的。科学家研究发现，每年全世界大约共发生1600万~1700万次暴风雨，这意味着在地球上不同的地方每天平均共发生44000次暴风雨，还意味着每天约产生900万条闪光和闪电。

闪电和闪电的闪光并不是一回事。闪光并不接触地面，而闪电接触地面（因此闪电非常危险）。

彩虹是什么做的？

❶ 因为降雨，空气中会存在许多小水滴。这些水滴有一个共同特性（能反射/折射太阳光），我们生活中许多物体，如眼镜片、棱镜，也有着相同的特性，它们将射入的太阳光分解成7种单色光。

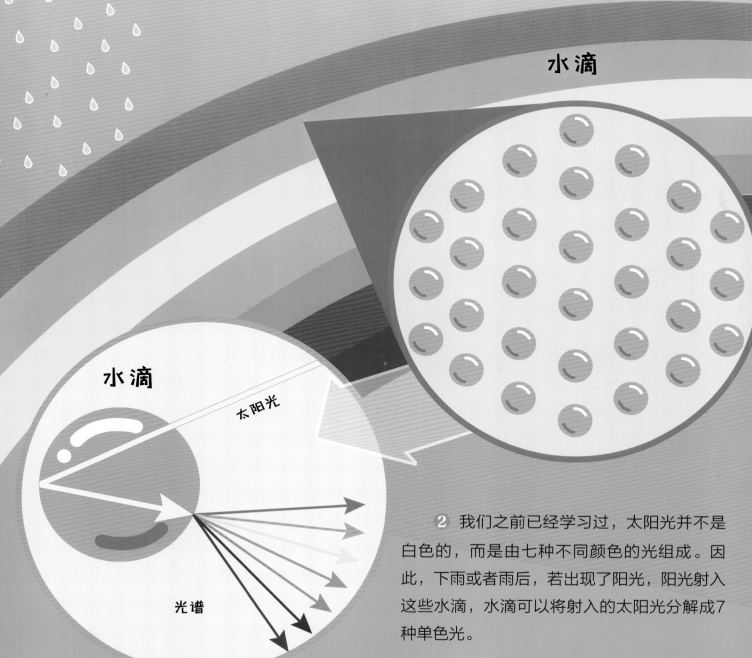

水滴

水滴

太阳光

光谱

❷ 我们之前已经学习过，太阳光并不是白色的，而是由七种不同颜色的光组成。因此，下雨或者雨后，若出现了阳光，阳光射入这些水滴，水滴可以将射入的太阳光分解成7种单色光。

雨水和阳光，这是大自然这位魔法师制造彩虹所需的两种原料。彩虹是一种非常美丽的气象现象，我们每个人都可以在天空中欣赏它的美。

❸ 这种分解就在天空中形成了一道弧线，我们称之为彩虹。

有时候，在彩虹边还能看到副虹。副虹是由于水滴多次反射太阳光而形成的。我们经常可以在天空中看到副虹，副虹就位于彩虹的上面，比彩虹更模糊。

彩虹的各种颜色的排列顺序是不变的

彩虹的颜色是不变的（虽然我们看到的每种颜色的浓度深浅可能不同），各种颜色的排列顺序也是不变的，从暖色（红色、橙色、黄色）到冷色（绿色、蓝色、青色和紫色）。

奇妙知识小贴士

晚上也会出现彩虹，这种彩虹被称为月亮彩虹，或者月虹。雨水和夜晚的雾气折射了月亮光，形成了月亮彩虹。由于每个人观察的角度不同，世界上的每个人看到的彩虹都是不同的。

小小的种子是如何长成植物或者大树的呢？

虽然我们看不到植物和大树是如何运动、如何呼吸、如何吸收养分的，但是植物和大树确实是生物，因此，它们会像其他生物一样，（从一颗种子开始）出生、成长、繁衍（结出新的种子），直到最后死亡。

❶ 大多数的种子都来自植物开出来的花。之后，种子在自然界中以不同的方式传播开来：通过风或水的作用传播，通过动物携带传播等。

❷ 这些种子落到土壤中会先"沉睡"一段时间，直到条件适宜，才会开始生长。

❸ 实际上，一颗"睡醒"的种子要开始进行萌芽，至少需要三种对于它的生长来说必不可少的条件：太阳光，充足的水和适宜的温度。

种子里有什么？

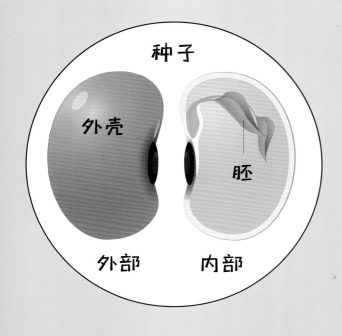

种子

外壳

胚

外部　　内部

小小的种子长成参天大树（比如松树）的奥秘就藏在小小的种子里，就藏在每一颗种子都含有的胚里。当种子浸泡在水中时，水能软化种子的外壳。就这样，太阳光和空气中的氧气就可以进入种子。光和氧气就是种子成长最重要的动力。

种子的大小与种子长成的植物的大小并不相关。比如，红杉树可以高达155米，但是红杉树的种子还不到2毫米长。

❹ 只有以上三种条件具备，种子才会破土而出，才能开始生长。植物向两个方向生长：一方面，植物的茎向上生长，来获取更多的空气和阳光；另一方面，植物的根向下生长，来获取更多的水和土壤中的养分。

奇妙知识小贴士

有些种子长有一种特殊的胡子。正是由于这种胡子，这些种子得以黏在一些动物的皮毛上。就这样，这些种子可以在自然界中游玩，前往陌生的地方萌芽。有的种子是水陆两栖（可以在水中传播）的。有些种子，像蒲公英一样，它们拥有羽毛，可以飞在空气中传播……并不是所有种子都藏在植物的花朵中，有些种子完全裸露在外。咖啡豆就是咖啡的种子，一些水果（比如樱桃）的果核、谷粒都是种子。

植物是如何生产人类呼吸的空气的？

可以说，植物和它们的叶子是大自然完美且高效的实验室。在那里，大自然进行了一系列实验，这些实验不仅对植物来说有重要意义，帮助它们生存，而且对其他物种来说也是必不可少的。其中一个重要的实验就是光合作用，光合作用生产了我们呼吸的空气。

藻类也可以

通过光合作用生产氧气的，并不仅仅只有地表上的植物而已。在大洋中，藻类（原生生物）在光合作用过程中，也会释放氧气，并成为海洋食物链中非常重要的环节。

奇妙知识小贴士

气候变化的原因之一是空气中二氧化碳的增加（主要来自汽车、工厂和其他人为因素）。近年来，空气中的二氧化碳含量从0.03%上升到0.04%。一辆时速100公里的汽车排放17千克二氧化碳，而同样速度的摩托车排放12千克二氧化碳。一平方千米的森林每年产生1000吨氧气。捕获二氧化碳的"顶尖"树木是松树：卡拉斯科松树每年捕获48870千克这种气体，而另一种松树每年捕获27180千克二氧化碳。

光合作用

1 植物都含有一种特殊的物质，叫做叶绿素。叶绿素帮助植物通过光合作用生产植物生长所需的养分。在光合作用中，存在三个必不可少的物质：水中的矿物盐（由植物的根吸收），二氧化碳（人类呼吸所释放的气体，使用汽车、取暖器也会产生二氧化碳）和太阳光。

2 光合作用中，上述三种物质作为养分被运输到植物的叶子里。叶子就好比是一个实验室，在那里，叶绿素净化二氧化碳并将其分解，将分解出的氧气排入空气中，将分解的碳元素作为营养储存在植物体内。

水

氧气

太阳光

二氧化碳

二氧化碳

2

水

3

氧气

矿物盐

3 通过向大气中释放氧气，植物可以净化空气，帮助保持环境的平衡。不仅如此，植物还有降温的作用，因为植物的叶子上能够产生蒸腾作用。

水

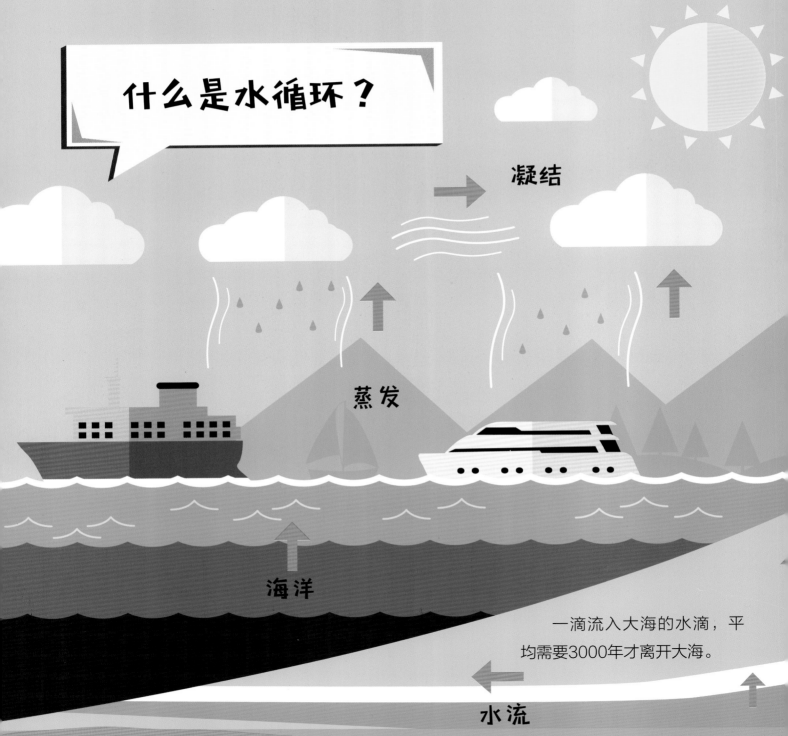

什么是水循环？

凝结

蒸发

海洋

一滴流入大海的水滴，平均需要3000年才离开大海。

水流

奇妙知识小贴士

你知道吗？地球表面71%被水覆盖着，总量为13.86亿立方千米。其中，96.5%在海洋里；1.76%在冰川、冻土、雪盖中，是固体状态；1.7%在地下；余下的，分散在湖泊、江河、大气和生物体中。其中，淡水占水总量的2.53%左右，不仅如此，70%的淡水又以固体冰川或冰盖的形态存在。

地球上的水始终处于运动中。地球上的水包括三种状态：固态（冰或雪）、液态（河流或海洋）、气态（云或水蒸气）。三者的转化就叫做水的循环。

大气中的水，通过降雨，每九天循环一次。

雨

雪

冰川

蒸腾作用

一滴水滴，一旦在极地冰冠凝固成冰，平均需要8000到15000年才离开冰川。

河流和湖泊

气候变化和水

极地冰冠和冰川的融化、海平面升高、干旱、暴风雨……全球变暖也将改变人类与水的关系！

地下水

为什么海水是咸的？

你一定想过要探索海水的奥秘，或者也许你已经被迫做过这样的探索了，比如在海滩上被海浪拍倒。不管怎么样，你一定知道海水是咸的。你知道这是为什么吗？其实这都是因为岩石……

❶ 雨水是水和空气中的一些气体（如二氧化碳）构成的。因此，当雨水落在岩石上，不仅会把岩石打湿，还会侵蚀这些岩石。

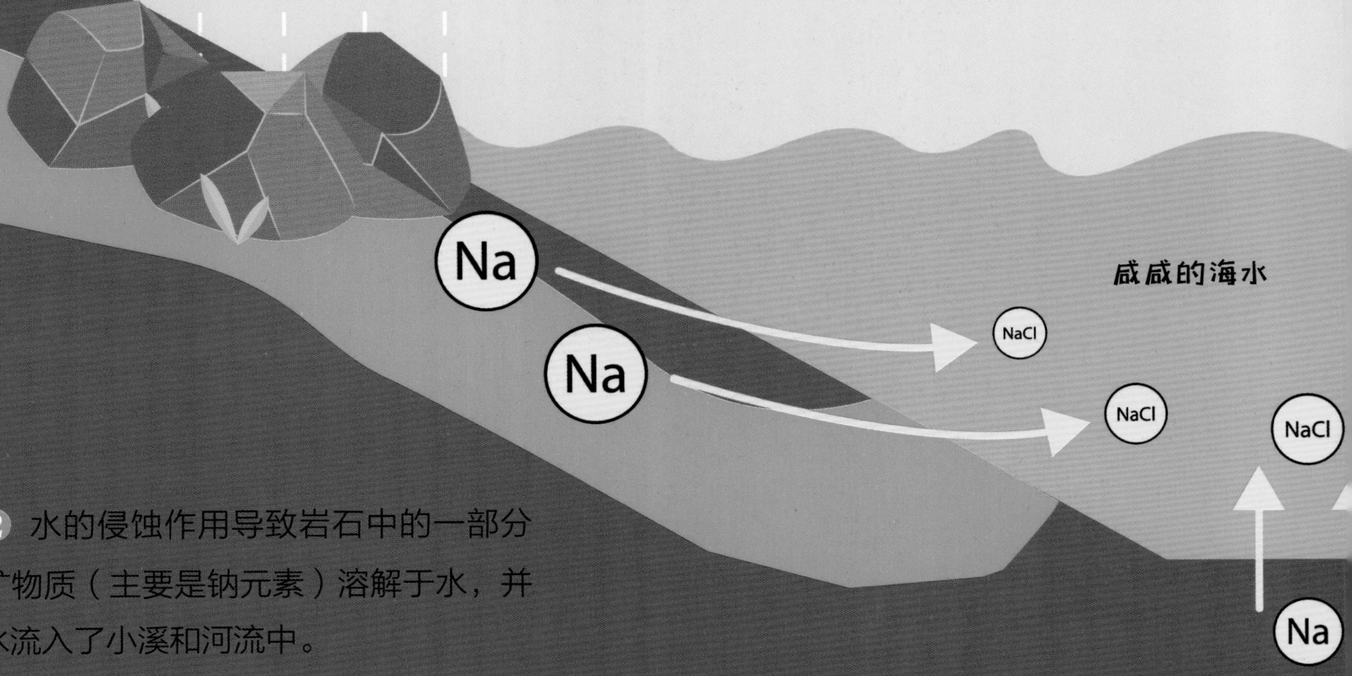

咸咸的海水

Na

Na

NaCl

NaCl

NaCl

Na

❷ 水的侵蚀作用导致岩石中的一部分盐和矿物质（主要是钠元素）溶解于水，并随着水流入了小溪和河流中。

咸咸的死海

不同的海，咸度是不同的。处于不同的地理位置、气候和温度的海水的组成成分是不同的。世界上最咸的海是死海，死海位于以色列、巴勒斯坦、约旦交界处。死海非常咸（死海含盐量高达25%~30%），因此死海中几乎不可能有生命。人类可以在死海中毫不费力地漂浮起来。

地中海

死海

巴勒斯坦

以色列

约旦

火山喷发也会提高海水的盐性：火山喷发的高温熔解了灼热的岩石（比如熔岩）里的矿物质，这些矿物质以相同的方式到达海底。

❹ 在海沟中，这些盐和其他物质或矿物元素（比如钾、镁、钙等元素）相遇，导致水中的含盐量上升。这些待在海底的矿物盐，就是海水中盐（NaCl）含量提高的原因。

海洋

Na

Na

NaCl

NaCl

Na

❸ 之后，河流带着这些溶解在水中的盐，最终汇入了大海和大洋。

奇妙知识小贴士

几十亿年前，海水就开始了盐化过程，到今天盐化过程还在继续。科学家研究认为，平均每年有超过百万吨盐和矿物盐通过河流进入海底。海水的平均咸度为每升水中含盐35克。地球上越热的地方，海水也就越咸。这是因为，高温有助于海水蒸发，有助于盐的聚集。地中海就是其中一个很好的例子。

为什么雪花是白色的？

你一定见过下雪，见过冬天雪花装饰的山顶，也一定快乐地玩过雪。雪，虽然让人感觉冷，但是非常美丽。这是因为雪花是纯白色的……其实，这并不是真的。

❶ 大气中含有水蒸气。水蒸气遇冷液化成小水滴，但是当温度非常低（低于0℃）时，小水滴会凝固成小冰晶。

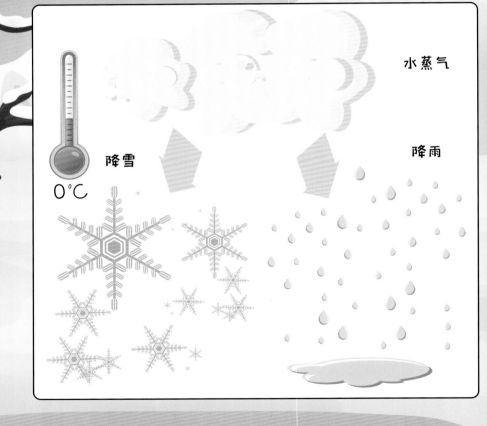

水蒸气

降雪

降雨

0℃

奇妙知识小贴士

北极熊居住在北极圈冰层覆盖的地带，北极熊的毛色并不是白色的，而是透明空心的。北极熊的毛发，就好像取暖器一样，能够吸收太阳光来发热御寒。根据吉尼斯世界纪录记载，历史上最大的雪花长达38厘米（就像一个盘子一样大），出现在1887年的美国。

❷ 许多小冰晶相互聚集形成了雪花。但是既然雪花是冰晶组成的，而冰是透明的水凝固而来的，那么为什么雪是白色的呢？

❸ 这个问题的答案，和"天空为什么是蓝色的"这个问题的答案很类似。太阳光是白色的（各种不同颜色的光汇聚成白色光），而雪花是由冰晶紧密结合而构成的，因此，雪花中不存在间隙，阳光无法直接通过缝隙穿过雪花。

白色的太阳光

❹ 由于空气中充满了雪花，因此太阳光不断在雪花中反复反射。太阳光在大量雪花中不断反射的结果就是，我们的人眼认为雪是白的，洁白的，洁白无瑕的！

世界上没有两片一模一样的雪花

最常见的雪花是六边形的，就像六角星一样。但是最近科学家研究发现，世界上几乎不可能有两片一模一样的雪花。这是因为，在雪花形成的过程中，水滴结成冰晶的时候，各种因素，包括气压、空气中的水分和悬浮微粒等，都会影响雪花的形状。所以，我们还能找到三角形的雪花、树叶形的雪花、玫瑰花形的雪花、柱状的雪花等等。

风从哪里来？

风指的就是空气的流动。风是气压和温度相互作用所形成的气象学现象。除了发出呼呼的风声、吹乱人们的头发，风还有两个极为重要的任务：控制温度和控制大气中的水蒸气含量。

冷空气
下沉

1000M

① 地球上的能源主要来自太阳，太阳以不同的方式温暖着我们的海洋、陆地以及空气。因此，地球上的不同地区温度也不同，不同地区大气中气压也存在着差异。

② 空气中混合着各种气体。因为这些气体的特性，空气在不同的温度下会表现出不同的状态。

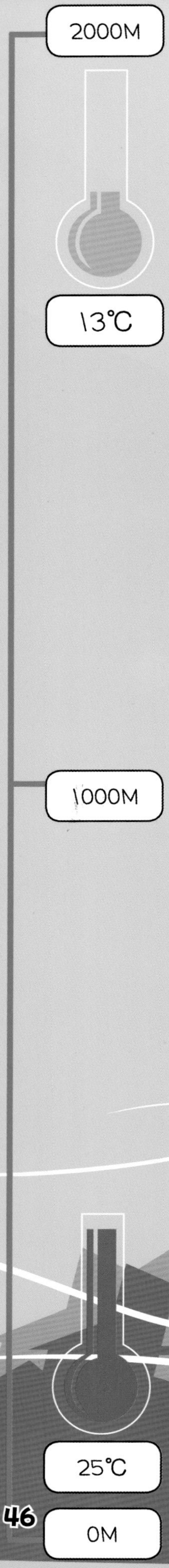

25℃

0M

❸ 因为热空气会膨胀，所以热空气更轻盈，则向上运动。此时冷空气将会填补热空气之前的位置。这种冷热空气的位置交换，造成了空气的流动，就形成了我们所知道的风。

热空气上升

无风到大风

我们根据不同的强度和速度（以"节"为单位测算，1节大约等于1.8千米每小时），将风分成不同种类。

无风
0~1节
（0~2千米每小时）

微风
7~10节
（13~18千米每小时）

强风
22~27节
（40~50千米每小时）

大风
34~40节
（63~74千米每小时）

飓风
64~71节
（118~131千米每小时）

牛会污染空气，这是真的吗？

5%

在世界上一切动物（包括人类）的消化系统里，都进行着复杂的消化过程：摄入体内的食物被分解，产生生存所需的营养……同时，废物也将会随着肠胃气胀（我们常说的"屁"）排出体外。虽然闻起来很臭，但是这是一个非常自然的过程。可牛的消化过程会给环境带来不好的影响。

❶ 牛以草场上的草、植物的茎和种子为食，它们在草场上休息和咀嚼（是的，牛会反反复复咀嚼它们吃进去的食物）。

温室效应是什么？

大气中的某些气体会形成一种类似"盖子"的东西，这种盖子会导致地球上各种活动（汽车行驶、工厂生产、取暖器制暖等）产生的热量无法向太空散失，而造成地球的气温升高，这就是"温室效应"。造成温室效应的气体主要是二氧化碳和甲烷。

❷ 在消化系统中，食物被分解，且被胃里的细菌发酵。消化系统产生的废气，一部分通过气团排出，一部分通过打嗝和呼吸排出体外。

❸ 这种气团就是肠胃气胀，也就是俗话说的"屁"，含有大量甲烷（CH4）气体。向空气中排放甲烷，就是人类给牧草施用工业肥料的直接后果。

❹ 甲烷可以保持大气温度的稳定，但是它也有不好的一面：大量甲烷会造成地球热量无法散失，因此甲烷也是造成温室效应的重要原因之一。

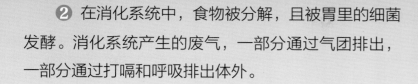

95%

奇妙知识小贴士

世界上大约有15亿头牛。科学家研究认为，每年牛所排出的甲烷气体高达一亿一千五百万吨。也有人认为，牛对环境的污染甚至超过了汽车的污染。但是近来，研究发现牛所排出的甲烷仅占甲烷总量的18%。

49

全球暖化是什么？

地球"发烧"了。而更糟糕的是，我们很难通过为地球降温来把地球治好。地球发烧的元凶就是全球暖化，全球暖化可能是我们地球面对的最大难题。

① 大气中，混合着各种气体。一方面有"好"气体，比如说对所有生物来说必不可少的氧气，另一方面，也混合着"坏"气体，主要是二氧化碳（CO_2）、甲烷（CH_4，由牛和其他动物放屁、打嗝排放）、一氧化二氮（N_2O）、氯氟碳化物（CFC）等。

奇妙知识小贴士

人类活动造成了95%的全球暖化。到2100年，地球平均温度将上涨2℃到4℃。到那时，各种气象学现象会更频繁地发生，其后果也将更具有破坏性。全球暖化导致全球气候变化，因此，地球上很多地方发生了干旱，全球大约4%的人口面临着缺水的问题。

② 从1880年左右开始，大气中这些"坏"气体就不断增加。增加的主要原因是工厂生产、汽车行驶和电的使用。

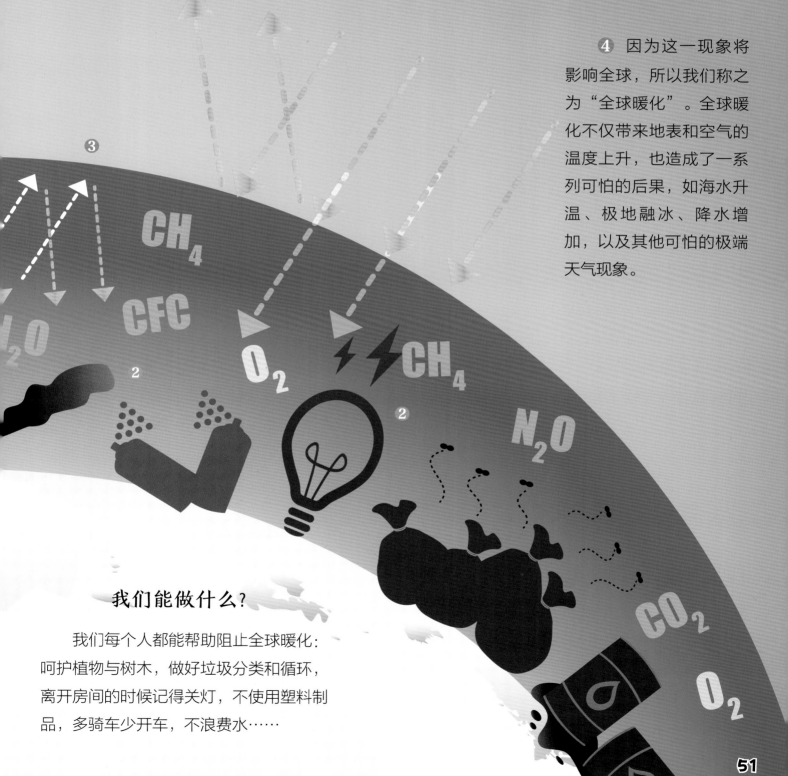

❸ 这些"坏"气体是温室效应的元凶，是地球温度不断上升的罪魁祸首。因为它们形成了一个盖子，导致一部分太阳光（主要是红外线）被吸收而留在了地球上，造成了地球升温。

❹ 因为这一现象将影响全球，所以我们称之为"全球暖化"。全球暖化不仅带来地表和空气的温度上升，也造成了一系列可怕的后果，如海水升温、极地融冰、降水增加，以及其他可怕的极端天气现象。

我们能做什么？

我们每个人都能帮助阻止全球暖化：呵护植物与树木，做好垃圾分类和循环，离开房间的时候记得关灯，不使用塑料制品，多骑车少开车，不浪费水……

南极和北极的冰层最终都会融化吗？

南极和北极是地球的两端，但是它们有一个共同特点：被冰层覆盖。然而近年来，科学家不断警告我们，极地的冰层不仅仅在融化，而且以相当快的速度融化……

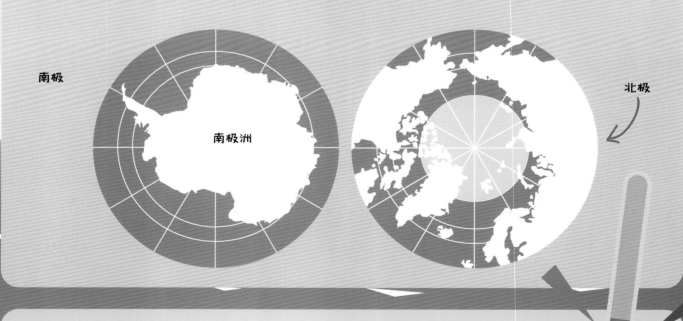

❶ 地球花费了几十万年才得以形成我们看到的极地冰川。北极位于北冰洋中部，那里到处都是冰层，厚度达3~4米。南极位于南极洲，面积辽阔，冰层厚度可达2千米。

南极

南极洲

北极

❷ 无论是南极还是北极，都有自己的小气候。这种小气候，不仅确保了气温稳定，而且为那里生活的动物提供了适宜的生活条件。

❸ 但是，当一些特定的现象（主要指的是全球暖化）发生时，这里的冰层将开始融化变成水，海平面因此提高。

❹ 据科学家研究发现，20世纪末以来，极地融冰现象开始加速。这是为什么呢？是因为全球暖化。更糟糕的是，如果地球的温度持续升高，极地的冰层将会彻底消失，这将给我们的地球带来灾难性后果。

南极洲更快！

今天，南极冰层融化的速度是40年前的7倍，南极融冰的速度也大大超过北极。这是因为气温的升高会加剧南极地区风对冰层的作用，从而加剧南极融冰。

30 年前的北极

现在的北极

奇妙知识小贴士

地球表面的10%被冰层覆盖，其中九成位于南极，一成位于北极。自2009年以来，南极每年融冰达2780亿吨，而1980年南极每年融冰仅440亿吨。根据科学家预测，如果人类不在几十年内减少排放污染气体，到2100年，世界上大多数的冰层都将不复存在。

为什么只有南极有企鹅，而北极没有呢？

我们都见过企鹅，见过它们穿着漂亮燕尾服、迈着滑稽的步子在冰上行走。但是与我们的想法不同的是，企鹅只生活在南极，北极并不存在企鹅。这是因为南极更冷，更适合企鹅生活。

❶ 关于为什么企鹅只能在南极生活这个问题的解释有许许多多。最主要的解释是，虽然企鹅属于鸟类，但它们没有翅膀，也无法飞翔（但是它们是游泳健将）。因此，它们无法进行远距离迁徙，只能一直生活在南极。

❷ 不仅如此，企鹅非常喜欢寒冷的环境。南极非常寒冷（夏天温度约为-25℃），适合企鹅生存。南极的鱼是企鹅最喜爱的食物，企鹅在南极得以自由地生活和繁衍。

❸ 但是，最重要的是，南极对企鹅来说是非常安全的，它们不会遇上任何捕食者。

北极熊则相反

　　就像北极没有企鹅一样，南极也没有北极熊。原因也差不多，北极为北极熊提供了很好的生活和捕食的环境。北极熊非常适应在冰上走路，而且可以很容易捕捉到自己的食物（主要是海豹）。不仅如此，北极熊的身体简直是为了北极气候量身定做的一样：毛发是白色的（准确地说是透明的），这让北极熊可以更好地吸收太阳光供自己取暖。

奇妙知识小贴士

　　四千万年前，企鹅就出现在了南极。据鸟类学家长期观察和估算，南极地区现有企鹅近1.2亿只。在企鹅世界中，最高大的企鹅，被称为帝企鹅，约有1.1米高，35千克重；而最小的企鹅叫蓝企鹅，身高仅有40厘米，体重不到一千克。企鹅能适应南极的寒冷主要归功于它们能把自己的体温保持在相对较高的39℃。

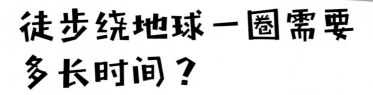

徒步绕地球一圈需要多长时间？

《八十天环游地球》是法国作家儒勒·凡尔纳创作的著名小说，小说主人公菲利亚·福格搭乘着各种交通工具用八十天的时间完成了环游地球的任务。看完这本书，很多人都想尝试做一次环球旅行。现在已经不需要八十天了，我们可以在几小时内就完成环球旅行，但是……徒步绕地球一圈需要多长时间呢？

奇妙知识小贴士

据吉尼斯世界纪录记载，世界上第一个完成徒步绕地球一圈的是美国人大卫·孔斯特。他在1970年6月到1974年10月，共走了23250千米，走遍了四大洲。